愛曼汀．湯瑪士

(Amandine Thomas)

—著—

1988年出生的愛曼汀畢業於「法國國立高等裝飾藝術學院」(École des Arts Décoratifs)。她在23歲的時候移居澳洲，且於澳洲知名雜誌*Dumbo Feather*擔任藝術總監。這段期間裡，她深刻的體會與感受到當地團體對於環境保護的吶喊。在墨爾本待了六年之後，愛曼汀搬回了法國，目前她居住在波爾多地區。2014年，她的作品*Le chat qui n'était à personne*在法國瑟堡圖書節(festival du livre de Cherbourg)獲獎，充分展現出創作天賦與活力。

周明佳

—譯—

巴黎第五大學社會學碩士，南澳大學文化與藝術管理碩士。熱愛閱讀、旅遊、各種文化活動，也熱衷於身心靈與社會發展等相關議題。譯有《那一天》、《大眾臉先生》、《巴黎之胃》、《懂文化的男人才時尚》、《時尚頑童》與《美的救贖》等書。目前為自由譯者與文字工作者。

林大利

—審訂—

生物多樣性研究所副研究員、澳洲昆士蘭大學生物科學系博士。由於家裡經營漫畫店，從小學就在漫畫堆中長大。出門總是帶著書、會對著地圖發呆、算清楚自己看過幾種小鳥。是個龜毛的讀者，認為龜毛是探索世界的美德。

最美的海洋

最美的森林

最美的零碳生活

預計2024年3月上市

★本系列《最美的海洋》、《最美的森林》得獎紀錄：

- 聯合國兒童基金會UNICEF「青少年文學獎」
- 臺北市「兒童深耕閱讀」優良推薦
- 文化部「中小學生讀物選介」獲選書籍
- 「SmartReading適性閱讀平台」認證優選書單(SR值534 & 515)
- 台北市立動物園好書評選「優良讀物」
- 國際閱讀教育論壇 - SDGs兒童永續書單
- 法國高等教育部「科學品味獎」
- 法國威立雅基金會「青少年環境議題」獲獎書籍
- 法國「海洋星球組織」推薦書籍
- 法國「歐洲衝浪者基金會」推薦書籍
- 法國「楠泰爾區青少年閱讀獎」

蚯蚓一點也
不可怕吧？
嗯……
妳確定嗎？

謝謝爺爺，
你的花園是所有孫子女感到驕傲且開心的地方。
謝謝露西，我的小探險家。

感謝以下專家提供協助：
克萊爾・比梭（Claire Brissaud）、
艾樂蒂・恭扎雷茲・佛洛倫斯（Élodie Gonzalez Fleurence）、
潘奈洛普・史特能堡（Pénélope Steunenberg）。

SDGs 必讀小百科

最美的生態花園

作　　者：愛曼汀 ・ 湯瑪士（Amandine Thomas）｜譯者：周明佳｜繁體中文版審訂：林大利

出　　版：小樹文化股份有限公司
社長：張瑩瑩｜總編輯：蔡麗真｜副總編輯：謝怡文｜責任編輯：謝怡文｜行銷企劃經理：林麗紅
行銷企劃：李映柔｜校對：林昌榮｜封面設計：周家瑤｜內文排版：洪素貞

發　　行：遠足文化事業股份有限公司（讀書共和國出版集團）
地址：231 新北市新店區民權路 108-2 號 9 樓
電話：(02) 2218-1417 ｜傳真：(02) 8667-1065
客服專線：0800-221029 ｜電子信箱：service@bookrep.com.tw
郵撥帳號：19504465 遠足文化事業股份有限公司
團體訂購另有優惠，請洽業務部：(02) 2218-1417 分機 1124
特別聲明：有關本書中的言論內容，不代表本公司 / 出版集團之立場與意見，文責由作者自行承擔。

法律顧問：華洋法律事務所 蘇文生律師
出版日期：2024 年 1 月 31 日初版首刷

ISBN 978-626-7304-34-1（精裝）
ISBN 978-626-7304-32-7（EPUB）
ISBN 978-626-7304-33-4（PDF）

Les aventuriers du jardin by Amandine Thomas

讀者回函　小樹文化官網

小樹文化
Little Trees

SDGs 必讀小百科

最美的生態花園

Les Aventuriers du JARDIN

愛曼汀・湯瑪士
（Amandine Thomas）——著
周明佳——譯
林大利——審訂

在爺爺家的花園探險

對露西、阿堤還有他們的堂妹蘿絲來說，爺爺家的花園是最棒的探險場所！在這裡，不僅能發現神祕的新東西，還能盡情享用香甜多汁的水果。

早上，他們觀察到昆蟲正在麗春花花瓣上享用露水。「『露水』到底是從哪裡來的啊？」露西問正在拔除番茄植株底下雜草的爺爺。

中午，他們在果樹的樹蔭下吃著香甜的草莓，爺爺則修剪著櫻桃樹的枝幹。「嘿 ，為什麼櫻桃有籽，但是草莓沒有？」嘴裡塞滿草莓的阿堤問。傍晚，他們用爺爺剛剛幫蔬菜園澆水的水管打水仗。「看！有一條蚯蚓！」蘿絲大叫，「牠們真的是花園裡的益蟲嗎？」

一天一天過去，問題愈來愈多：「什麼是『肥料』啊？」三個人在爺爺拔起一顆美生菜時問道。當爺爺在花園深處除草時，幾個孩子又問了這個問題：「『雜草』真的是不好的嗎？」當爺爺在大橡樹下準備好好睡個午覺時，他們又在一旁輕輕的問：「種子裡面有什麼啊？」這下子，爺爺真的受夠了，對他來說，睡午覺是很重要的！他不太開心的大聲說：「想知道蚯蚓到底在做什麼嗎？直接去問牠們啊？」於是，他彈了一下手指頭……去吧！

土壤裡面有什麼？

突然，一條巨大的蚯蚓出現在孩子們面前！

蚯蚓擺出一副很了不起的姿態，因為整座花園的土地都由牠管轄。牠覺得很驕傲，所以毫不猶豫的告訴孩子們：「我跟其他數千種叫作**食碎屑動物**的小生物，都是吃像落葉這樣的有機物質。我們會分解這些有機物質，然後產出硝酸鹽、鉀跟磷，也就是植物生長所需的基本養分。」

蚯蚓繼續解釋：「人們才會有肥沃的土壤。」

要特別注意的是！這需要好幾百年的時間，才能形成幾公分厚的土壤呢。氣候和其他自然因素，以及植物的根，會將岩石變得愈來愈小塊，而且動植物的殘骸（也就是有機物質的組成物）也會混合在一起。經過長久時間之後，才會形成一層肥沃的土壤。一小湯匙土壤裡的生物，比地球上的人類還多呢！

想一想，這句話正確嗎？

地球上有超過6000種蚯蚓。

這句話是對的，我們甚至常常發現新種的蚯蚓。

啊！好大一條蚯蚓！
才不是呢，是我們太小了。
嗯，早安！
你們是來參觀的嗎？

蚯蚓的環境友善小建議！

植物自然枯萎前就把它剪掉或是收割，便中斷了土地的再生循環。有機物質沒有掉落到地上，讓幼蟲、細菌或是蕈類分解，久而久之，土壤就會變得貧瘠。不過，你可以用你製造出的綠色垃圾，像是削下來的果皮，甚至是敲碎的蛋殼來製造堆肥，這些是非常豐富的自然肥料，不僅對土壤有益，對我們這些蚯蚓也很好！

想一想，這句話正確嗎？

植物傳播種子時，都需要外力協助。

錯了喔。雖然風或是動物會協助種子傳播，但是有一些植物能夠排出或是彈射出自己的種子，讓種子曝露在外面，這樣更容易傳播。例如生長在地中海沿岸的植物「噴瓜」的果實，當內部的壓力過大時，果實就會爆開，甚至將種子噴射到12公尺之外。

神奇的種子

土壤中不只有小生物，還有「種子」！
種子能夠維持在沉睡狀態好幾個月（有些甚至是好幾年），這是一種延緩的生命週期，有點像蝴蝶整個冬天都會留在蛹裡面。蝴蝶建議孩子們繼續參觀，牠告訴他們，種子也會和牠們一樣休眠，直到春天到來。這很有道理啊，因為種子需要水跟熱才能發芽！

事實上，一顆種子裡有一個胚胎，裡面已經有了葉子、枝幹與根莖的雛形，未來會發育成植物。這個胚胎由一層膜包覆保護著，裡面儲備著營養。當情況有益於發芽時，胚胎會汲取儲備的養分，然後戳破包覆在外面的膜，也就是**種皮**。多虧了陽光跟肥沃的土地，**胚芽**（未來發育為莖與葉）以及**胚根**（未來發育為根）才能長大、形成一株植物。「很神奇，對吧？」蝴蝶在飛走前驚嘆道。

紅蘿蔔
好噁心喔！鳥大便裡都是種子……
哈哈，所以爺爺種櫛瓜的箱子裡才會長出草莓。
番茄
羅勒
番茄

蝴蝶的環境友善小建議！

你一定知道，種子不是每一個季節都能發芽；
我們也無法隨時享用自己喜歡吃的水果跟蔬菜。
所以，才會有「當季蔬果」這個說法，例如：秋冬是台灣的番茄產季，其他季節必須仰賴進口，或者是在廣大溫室中栽培。可是，這樣做對環境並不友善！
因此最好吃當季的水果跟蔬菜，也比較好吃！

植物與授粉昆蟲

雖然很了解大自然的蝴蝶離開了，但是露西還有別的問題，
比如：「植物發芽後，會怎麼吸收養分呢？」
「很簡單，透過光合作用啊。」
在旁邊採蜜的蜜蜂，興致高昂的回答。

植物有**葉綠素**（這是一種綠色色素）可以吸收太陽光，
然後轉化成能量。白天時，植物用這些能量把吸收到的
二氧化碳轉化成糖，成為植物的養分；另一部分則轉化成氧氣，
並釋放到大氣中。這樣一來，植物就能成長跟繁殖！

地球上90%的植物都會利用花來繁殖！例如：番茄、櫛瓜，或是豌豆。
植物透過花朵的香氣、色彩、形狀或是甜甜的花蜜來吸引昆蟲，當牠們採集花蜜時，
身上就會沾滿花粉。花粉藉由昆蟲傳遞到另一朵花的雌蕊上時，
就會讓花朵受精，這段過程就是我們所說的**授粉**。接著這株植物會形成種子，
種子外有果肉保護。最後，鳥、昆蟲還有小朋友們，
就能享用這些果實了。

想一想，這句話正確嗎？

藻類是植物的祖先。

這句話是對的，第一批植物出現在四億五千萬年前，
也就是能夠適應當時大氣環境的藻類。

蜜蜂的環境友善小建議！

要是沒有蜜蜂這類授粉昆蟲，地球上一半的開花植物都會消失。可是，蜜蜂的生存也受到了威脅，一方面是人們過度使用殺蟲劑，另一方面是野地（可以孕育出蜜蜂喜歡的花朵）都不見了。要怎麼保護蜜蜂、熊蜂跟蝴蝶呢？你可以種植當地的原生花朵，在法國可以選擇薰衣草、蕁麻、麗春花，甚至是百里香跟迷迭香；在台灣可以選擇仙草、瓊崖海棠……對我們來說都很可口喔！

水果與蔬菜

蜜蜂辛勤的從一朵花飛到另一朵花上，
可是三個孩子需要休息一下。
阿堤彎腰看著一顆草莓，喃喃自語：
「可是，櫛瓜裡面……也有種子啊！
所以我們吃的是果實嗎？」蘿絲跟露西都笑了起來。
覬覦爺爺花園裡的草莓的歐亞烏鶇，決定插手，
「沒錯。」牠大聲的說，「櫛瓜是果實，
就跟番茄、茄子或是南瓜一樣。」

事實上，果實通常來自受精的花朵；
蔬菜則純粹是植物本身能夠吃的部分。
所以，我們吃植物的**果實**，也吃植物的**葉子**（像是菠菜）；
植物的**莖**（像是蔥）；甚至是植物的**花**（像是朝鮮薊與金針花）。
朝鮮薊原本是野生植物，但是人類在很久很久以前就開始栽種了。

想一想，這句話正確嗎？

我們平常吃的草莓是植物的果實。

錯了喔。其實我們平常吃的草莓是花托。草莓真正的果實是「瘦果」，也就是草莓表面到處都是的淡黃色小種子。

我們在超市裡看到的許多水果跟蔬菜，都是不同品種的混種，
為了製造出我們喜歡的味道、顏色或是大小。像是「野生草莓」就跟一般的
「食用草莓」很不一樣。「而且野生草莓好吃多了！」老饕烏鶇大叫著。

我以為蔬菜都是鹹的、水果都是甜的。
以烹調方式來說是這樣，但是在花園裡就不一定了。
「辣椒」居然是果實。
「馬鈴薯」則是植物的莖。
好吃！

烏鶇的環境友善小建議！

人類想讓水果跟蔬菜更大、更有抵抗力，甚至顏色更漂亮，但是為了達到這些標準，卻失去了植物的多樣性，許多品種因此消失了。百年前，法國栽種的蘋果有幾千種，可是今日在超市裡卻只有十幾種。幸好，人們還是能夠保存（跟品嚐）所謂「古老的」品種，像是在花園裡栽種鳳梨番茄、蕪菁甘藍，或者唐棣這種小灌木——烏鶇超級愛吃唐棣的美味莓果。

花園裡的水循環

滴滴噠噠，下大雨了！

孩子們急急忙忙躲進美生菜底下，卻撞見了一隻胖嘟嘟的蝸牛。

當然，蝸牛很喜歡水（也很喜歡美生菜）。

「沒有水，植物就無法生長。」蝸牛解釋。事實上，植物會利用從根部吸收的水，將需要的礦物質傳送到葉子，這就是我們所說的**木質部樹液**。這些汁液一旦到達葉子，一部分的水會以水蒸氣的方式蒸散掉；另一部分則轉化成**韌皮部樹液**，把光合作用時製造的糖分運送到植物的各個部位作為養分。

至於植物蒸散掉的水，會先凝聚成雲（就像海面上蒸發的水一樣），之後才會變成雨或是雪，並再度落到地面。這些水有一部分會流進地底，集中到地下水層——這是最大的地下水儲存地，也是爺爺家井水的來源。「這就是水循環。」蝸牛開心的說。

想一想，這句話正確嗎？

露水是植物流的汗。

錯了喔！炎熱且潮溼的一天過後，空氣冷卻下來時才會出現露水。當空氣中的水蒸氣接觸到植物，就會凝結成水滴狀的露珠。

蝸牛的環境友善小建議！

夏季有時候會缺水……而在花園裡，不只植物會口渴，蜜蜂、鳥、松鼠或是刺蝟等動物與昆蟲，也會受不了太熱的天氣。為了幫助牠們，可以在樹蔭下放一隻淺的水碗，並且在裡面放幾顆石頭或是一根小樹枝，這樣昆蟲就能來喝水，而且不會掉進水碗。還要記得換水，才能避免疾病傳播，也就是滋生寄生蟲跟蚊子。

花園裡的生態系

雨停了，陽光露了出來，花園再次甦醒——地面上的動物都動了起來，
昆蟲發出嗡嗡聲，鳥兒也開始歌唱。

「喔，花園裡充滿了生命力！」露西驚喜的說。

「是啊，這還用說，這就是**生物多樣性**啊！」一旁的蕁麻葉上，剛產了卵的瓢蟲驚呼道。

生物多樣性就是地球上有各種不同物種——物種愈多，生命愈豐富。這些物種在牠們生活的地方呼吸、覓食與養育下一代，因此與其他物種產生了各種互動——掠食者狩獵牠們的獵物，而這些被掠食者會吃植物，植物則跟真菌**共生**，形成了一種循環。這個完美且平衡的循環就叫作**生態系**。

有的生態系十分巨大，像亞馬遜雨林；也有很小的生態系，例如一個水塘。有些生態系是野生的，沒有人類介入；有些可能是人為的，像是花園。

想一想，這句話正確嗎？

瓢蟲會捕食蚜蟲，蚜蟲也不喜歡金蓮花。

錯了喔！事實上，金蓮花會吸引蚜蟲，但是這樣一來反而可以輕鬆的讓蚜蟲遠離番茄或是櫛瓜！不過，如果不想讓蚜蟲接近其他作物，最好的方法是種植薰衣草。

那我們呢，人類不是生態系的一部分嗎？
當然是啊！地球就是一個巨大的生態系，跟生活在地球上的所有物種一樣，人類的生存也仰賴平衡的生態系。
對啊，要是沒有生態系，就沒有水、沒有食物……
甚至沒有空氣！

當我們以「尊重大自然」的方式來建造花園時——像是改善土壤、讓花粉能夠傳播或是保持水循環——就是跟大自然合作以保持生態平衡以及生物多樣性。「這是很大的責任！」瓢蟲表示。

瓢蟲的環境友善小建議！

大自然裡的一切都是精心設計過的，為什麼不信任它呢？保護那些滋養土地的有機小生物，在花園裡種植能夠自然抵抗寄生蟲或疾病的植物，接納那些「有益」的昆蟲與動物，就能創造出真正的互助系統。這樣一來，所有生物都能在其中扮演重要角色。以瓢蟲來說，我愛吃蚜蟲，所以在花園裡栽種蕁麻吧！這樣就能吸引我到花園裡，人類就不需要殺蟲劑了。

想一想，這句話正確嗎？

有些「雜草」可以幫助那些
比較沒辦法適應環境的植物生存。

這句話是對的。我們稱這些植物為「先驅植物」，它們能生存在極為惡劣的環境（例如火災之後的林地），並且改善土壤品質、替其他比較沒有辦法適應的植物先改善環境，並且漸漸的協助重建生物多樣性，荊棘或旋花科都屬於這種雜草。

益蟲與害蟲

雖然瓢蟲在花園裡很受歡迎，但是哪些生物卻被討厭呢？

「好噁心喔！粘粘的蛞蝓！還有毛蜘蛛！」一想到這些生物，三兄妹都開始發抖了。倒掛在豌豆藤裡的蜘蛛生氣的說：「不會吧，我可是園丁的好朋友呢！」

事實上，這種可怕的**掠食者**，會讓花園中的蚊子、有翅蚜蟲，或是小蒼蠅都消失無蹤。雖然人們不喜歡蜘蛛，但是跟許多生物一樣很有用——土撥鼠會翻鬆土壤，牠們挖出的地道可以讓水滲入土壤深層；至於刺蝟呢，牠們會吃蛞蝓、保護菜園裡的蔬菜。

「喔，所以蛞蝓真的是害蟲！」蘿絲大叫。

「事實上，只有數量太多的時候才會變成害蟲。」蜘蛛回答。但是，先不要急著使用殺蟲劑！為了保有生態平衡，預防重於治療——種一些酢漿草或是芥末，就能趕走蛞蝓。也可以放一些巢箱，讓鳥兒吃掉牠們，就能避免過度繁殖了。

啊，所以你是益蟲，不是害蟲。
在大自然裡，沒有所謂的益蟲或害蟲。當一切都處於平衡狀態時，每個物種都有牠的作用。
糟了！

蜘蛛的環境友善小建議！

為了驅除害蟲、寄生蟲或是雜草，
你可能會想到殺蟲劑。可是要特別注意的是，
這些化學產品不僅會汙染環境跟水源，還會讓益蟲死亡，
甚至出現在你的食物中。
為了你的健康（還有我們的健康），
最好避免使用殺蟲劑，多採用自然的防害蟲處理方法，
像是「蕁麻堆肥」，它還能用來當肥料呢！

為生物保留棲息地

三兄妹了解到，花園不只有幾排蔬菜，而是一個真實的生態系。
生物多樣性愈高，花園就愈豐富，也愈健康。
「可是，要怎麼吸引不同的生物來我們的花園呢？」露西問。
躲在樹葉堆中的鼩鼱露出鼻子說：
「我我我，我知道！」

這隻嘴巴尖尖的小哺乳動物是個愛吃鬼，一天就能吞下自己兩倍體重的昆蟲。其實，鼩鼱是園丁的重要夥伴，但是為了開開心心的在花園裡生活，鼩鼱跟其他生物都需要合適的**棲息地**——蜥蜴跟小型齧齒類動物需要很多的石頭或是枯朽的木頭；鳥類則需要居住在樹籬上；而樹籬下方，可以讓許多小動物躲藏；至於青蛙或蜻蜓，就需要一座池塘，牠們會在裡面產卵；而大片的花海能吸引蜜蜂、蝴蝶跟熊蜂。
「就是這樣，這些就夠了！你看，我們的要求並不多啊！」
鼩鼱開玩笑的說。

鼩鼱女士，
這是什麼？
這是昆蟲旅館。
獨居蜂、瓢蟲、蠼螋
或是蜘蛛等等
都會來住。
喔，
很豪華呢！
這是爺爺蓋的！

想一想，這句話正確嗎？

對許多生物來說，堆肥是絕佳的棲息地。

這句話是對的。「堆肥」不僅是天然肥料，也是花園中小生物的重要棲息地，例如：蜈蚣、潮蟲或是甲蟲的幼蟲。重要的是，牠們也可以加入分解天然垃圾的行列。

鼩鼱的環境友善小建議！

世界上，有三分之一的昆蟲受到生存威脅，而且有一半以上的昆蟲數量正在遞減。一百年後，牠們可能都會滅絕！可是，牠們對生態系的存續很重要：牠們會為植物傳遞花粉、讓土壤充滿養分，而且牠們也是許多動物的食物，像是鳥類、魚類、兩棲類還有……鼩鼱！幸好，陽台或是花園裡的一個小小角落，就能成為牠們絕佳的棲息地。

那個大機器是用來做什麼的啊？
用來除草的吧？這是個好方法，可以避免使用農藥。
想一想，這句話正確嗎？
「步行蟲」是吃果皮的食碎屑動物。
錯了喔！這個讓人害怕的掠食者愛吃的是蛞蝓跟蝸牛。因為有巨大的下顎，牠們甚至能夠攻擊體型大六倍的獵物。
嗯……為什麼麥田裡有豌豆啊？
那是間作作物。兩種植物可以互相幫助，讓彼此長得更好，所以這片田就能生產更多食物。

環境友善的田野

孩子們的肚子開始咕嚕咕嚕叫……吃點心的時間到了！
從旁邊經過的步行蟲說：「我可以載你們到花園另一頭的大橡樹那裡。」
牠甚至知道一條穿越田野的捷徑！「來吧，坐到我的背上吧！」牠邀請著。

坐在步行蟲的背上，三兄妹發現了一大片有機麥田。
在這裡，人們用的不是混合了所有礦物質的化學肥料，而是偏愛使用有機肥料，例如**堆肥**、**糞肥**（牛或是豬的糞便），或是**植物渣粕**（碾碎過的植物廢棄物）。因此，那些食碎屑動物既不會沒有工作，也不會沒有食物，而且人們也不需要用化學農藥！在有機田裡，人們使用的比較像是預防方法，例如輪作。如果每一年都種植小麥，藏在地底下的那些雜草種子跟幼蟲會年復一年出現（而且會愈來愈多）。透過**輪作**，那些吃麥子的害蟲隔年就沒有東西可以吃，而那些在麥穗中漫生的雜草，也不太能在豆莖間成長。

不過三兄妹早就沒有在聽了……隨著步行蟲的腳步上上下下起伏，他們都睡著了。「露西、蘿絲、阿堤，起來了。」某個人大喊著。
是步行蟲嗎？不是，是在大橡樹下的爺爺。
「我們沒有睡著啊！」露西生氣的說。
「我們碰到了一隻蜜蜂！」蘿絲大聲說。「還有蚯蚓！」阿堤跟著強調。
爺爺呢，他開心的笑著，一隻漂亮的步行蟲躲在他的襯衫領子下對他眨了眨眼睛。

步行蟲的環境友善小建議！

有機農業既沒有使用化學肥料，也沒有使用化學農藥，而且更重視大自然的平衡，也就是「生物多樣性」以及「各種動物的福祉」——像是我們這些甲蟲的生存環境！這樣做可以保有更好的環境與自然資源，也維護了土壤、空氣以及水的品質。所以，為什麼不把這些原則運用在花園裡呢？以自然的方式種植（還有選擇飲食），不僅讓地球以及居住在這片土地的生物受惠，也可以避免吃到含有農藥的食物。

一起認識跟花園有關的重要詞彙

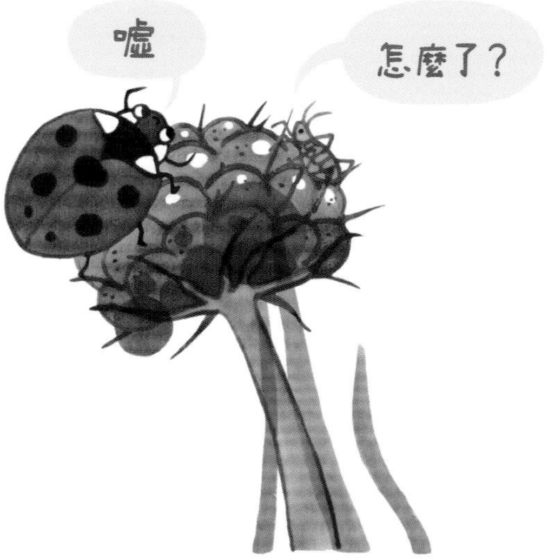

益蟲
我們稱那些能幫助花園植物成長，對作物也有用處的物種為「益蟲」，例如能夠為植物傳播花粉、為土壤施肥，或是驅逐那些所謂「害蟲」的物種。所以，瓢蟲就是花園中很珍貴的益蟲，牠們幫助人們抵抗蚜蟲——因為瓢蟲會吃掉大量的蚜蟲。

堆肥
堆肥是絕佳的肥料，透過叫作「堆肥階段」的過程取得。堆肥階段會分解能夠有機分解的廢物（也就是說，藉由生物來自然分解），然後將其轉換成豐饒的土壤。你可以用果皮、落葉，甚至是紙箱來做自己的堆肥。

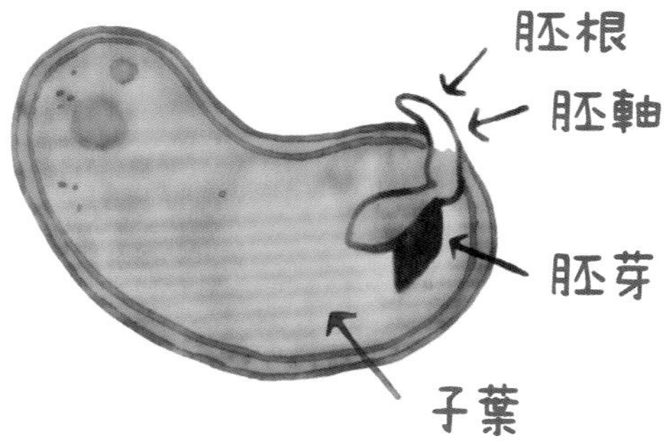

胚胎
植物的胚胎，是種子中蘊含未來植物的部分：其中有胚芽（未來發育為莖與葉）、胚軸（未來發育為莖）、子葉（供應幼苗養分），以及胚根（未來發育為根）。由一個外層保護，且四周都是儲存的養分，胚胎會維持休眠狀態直到環境有利於發芽。

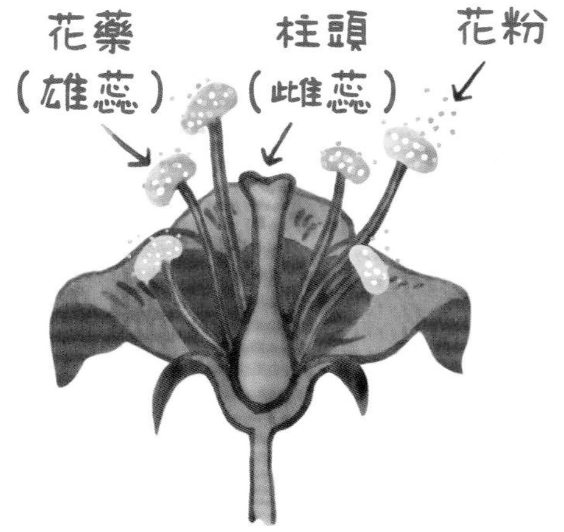

授精
授精，就是雄性生殖細胞與雌性生殖細胞結合，這個過程能夠創造新生命。開花植物的授精，便是帶有雄性生殖細胞的花粉，接觸到有著雌性生殖細胞的柱頭。一旦花粉接觸到柱頭，會讓花朵發育為果實；而果實內含有種子，將會在未來成為新的植株。

二氧化碳
二氧化碳，或是「CO_2」是結合了「碳原子」（C）跟「氧分子」（O_2）的氣體。在地球上到處都有，而且對生命很重要，因為它讓植物能夠進行光合作用。不過人類現今的活動製造了過多的二氧化碳，這些排放出來的過多氣體，就是造成氣候變遷的主因。

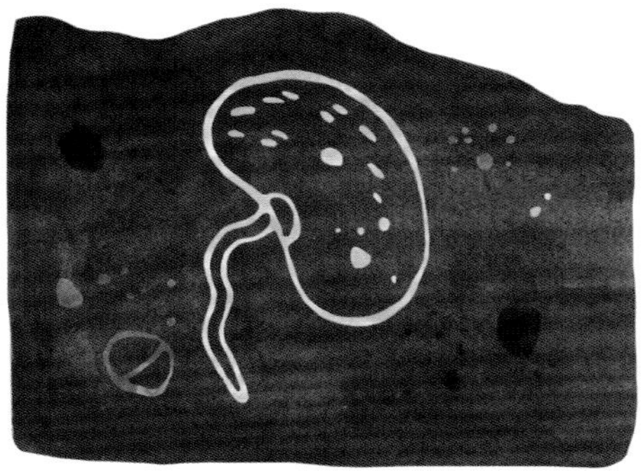

發芽
發芽就是一顆種子轉變為新生的植物。為了發芽，種子需要足夠的水分跟溫度——這樣的環境有助於種子發芽。首先，種子本身吸滿了水，接著「胚芽」吸取種子裡儲存的養分，然後穿透「種皮」，讓「胚根」得以長出來、新生的植物（又叫作「幼苗」）開始成長，不過一定要有足夠的光線與良好的土壤。

棲息地
棲息地就是「具有物種生存所需要一切的地方」。依賴該棲息地的物種能夠在此地覓食、孕育下一代，以及居住——這些都是重要的生存需求。

有機物質
在生態學中，有機物質包含了生物的所有物質，從一株植物的莖到蝸牛的殼；一棵樹的樹皮，甚至是你的骨頭！我們將活著的有機物質叫作「生物質」（biomass），而死去的有機物質叫作「非生物質」（necromass）。食碎屑動物吃的就是這些非生物質。

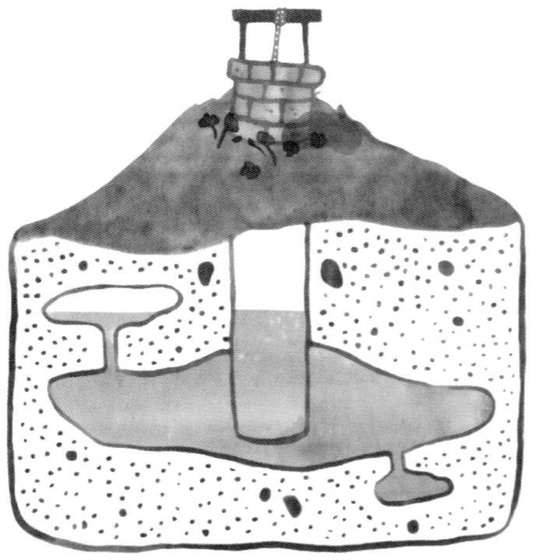

地下水層，又稱作潛水位
地下水層是離地面不遠、保存在地底下的水，而雨水能夠增加其儲存量。通常，我們的井水就是來自地下水。不幸的是，當這個水層不夠深時，可能會受到汙染，尤其是跟農業有關的汙染。因此，我們在花園中使用水肥、蕁麻糞肥或是堆肥時，就要注意使用的分量。

有害生物與害蟲

我們把生物稱作「有害生物」或是「害蟲」，是因為牠們會破壞花園中的農作物。不過，這些生物在牠們的生態系中有自己的位置：比如可能會吃掉美生菜的蛞蝓，卻是鳥類跟刺蝟的食物，牠們也會分解有機物質。所以當一個物種過度繁殖，或是因為缺乏天敵而破壞了生態平衡，才會被視為「有害的」。

農藥

農藥是一種化學產品，用來對抗昆蟲、菌類或是對作物有害的植物。不幸的是，有些產品也會危害到我們的健康與環境。所以為了取代農藥，可以用不同的技巧，或使用工具跟機械來除草。另外也可以使用天然的除蟲劑，或是多元栽種——也就是將不同種類的植物種在一起，它們會互相保護，對抗昆蟲、疾病或寄生蟲。我們甚至可以在田園邊種植「陷阱作物」，這些陷阱作物會吸引昆蟲，讓牠們遠離主要的作物。

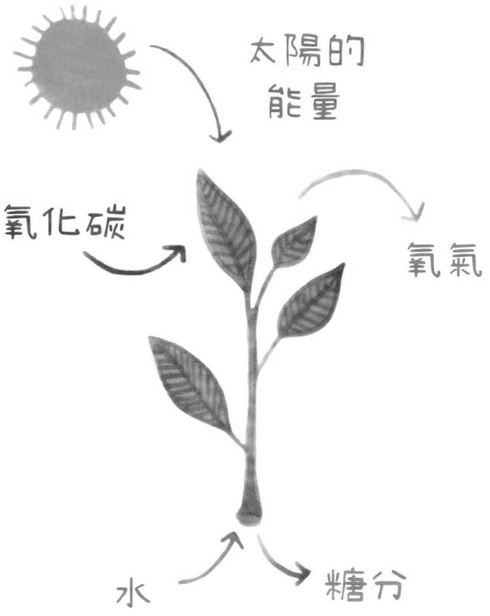

光合作用

植物中含有葉綠素，也就是能夠吸收太陽光的綠色色素，並且將光線轉化成能量。透過這些能量，加上從根部吸收上來的水，植物將大氣中的二氧化碳轉化成糖分，讓植物生長。這段過程會排出氧氣，而二氧化碳中的碳，就保存在植物中。

授粉

授粉是將雄蕊（花的雄性器官）產生的花粉，運送到雌蕊（花的雌性器官）的過程。必須將花粉放到同一物種但另一朵花的雌蕊上，才能讓植物繁殖。授粉後的花會開始形成種子，種子的四周也會開始形成果實。大多數的植物依靠風運送花粉，但是一些特別的昆蟲也扮演著傳遞花粉的角色，像是蜜蜂或蝴蝶，甚至是蒼蠅或熊蜂。

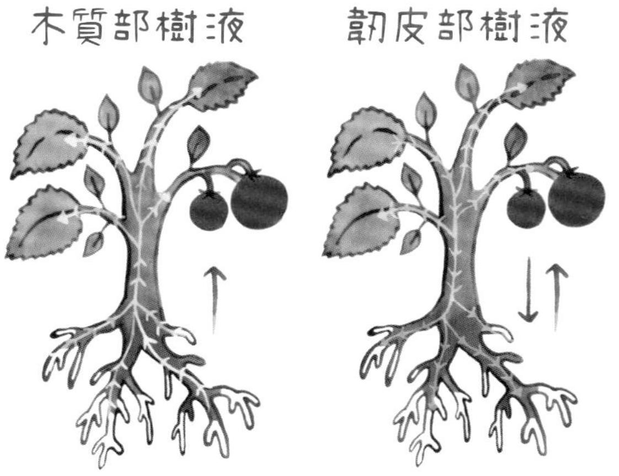

樹液

樹液是植物內部，透過十分細小的管子不斷傳送並循環的液體。樹液共有兩種：「木質部樹液」能夠從根部，把水分與從土壤中吸取的礦物質往上送到葉子；另一種則是「韌皮部樹液」，充滿了光合作用時製造的糖分，也是植物的食物。夏天與秋天時，韌皮部樹液會從製造地「葉子」開始循環到植物的所有器官，包括根部，並儲存在那裡。春天時，儲存在根部的韌皮部樹液，會帶著養分重新往上循環到植物的其他部位，讓植物再次成長。

共生

共生是兩種不同物種聯合或結合起來，並且互相幫忙。例如，植物與真菌的共生「菌根」——植物的根部與真菌的菌絲體（地下的細絲網絡）互相結合——這樣吸收水分與營養就更有效，並且能改善兩種物種的成長。這是種雙贏的關係。